LES

CHEMINS DE FER

DE NARBONNE

DANS LEURS RAPPORTS

AVEC LES INTÉRÊTS DÉPARTEMENTAUX.

PAR

M. HIPPOLYTE FAURE.

NARBONNE,

IMPRIMERIE DE CAILLARD.

Juillet 1853.

CHEMINS DE FER

DE NARBONNE

DANS LEURS RAPPORTS

AVEC LES INTÉRÊTS DÉPARTEMENTAUX.

LES

CHEMINS DE FER

DE NARBONNE

DANS LEURS RAPPORTS

AVEC LES INTÉRÊTS DÉPARTEMENTAUX,

PAR

M. HIPPOLYTE FAURE.

———✦———

NARBONNE,

IMPRIMERIE DE CAILLARD.

—

1855.

LES

CHEMINS DE FER

DE NARBONNE

DANS LEURS RAPPORTS

AVEC LES INTÉRÊTS DÉPARTEMENTAUX.

Au milieu des préoccupations nouvelles que la question toujours pendante des chemins de fer éveille au milieu de nous , je crois utile de reprendre ce sujet avec plus d'étendue et de précision. Un premier pas a été fait sur le terrain de Paris. Les démarches des députés de l'Aude, leur intervention dans le débat au Corps législatif, les adresses des conseils locaux , les divers écrits publiés , les efforts d'une commission du Sénat et le rapport précis, concluant du marquis de La Grange [1] , ont produit un premier, un sérieux résultat : le Ministre des travaux publics, informé des projets qui nous menaçaient , a montré une bienveillante sollicitude; le conseil des Ponts

_____

[1] Pages 4 et 5.

et chaussées, que préside un ministre très-expérimenté, très-capable ; et la commission des Travaux publics, que préside un conseiller d'État, plein de fermeté et de droiture, ont été saisis de la question [1]. Devant ces autorités imposantes, la Compagnie concessionnaire s'est arrêtée : un plan apporté à Paris en a été rapporté ; de nouvelles études entreprises ont été effectuées sur le terrain même où le gouvernement avait marqué déjà le tracé le plus conforme aux intérêts de tous. Ce succès, obtenu d'un côté ; ce temps d'arrêt, ce trouble qui se produit de l'autre : voilà ce que j'appelle un premier pas sur le terrain de Paris.

Aujourd'hui, il y a lieu de faire un nouveau pas ; il y a lieu de prendre de nouvelles mesures, et d'en établir le point de départ ici même et sur le terrain du département. Un premier, un heureux essai vient d'être tenté, au point de vue de Narbonne, par une pétition déjà couverte d'un grand nombre de signatures. Un nouvel essai doit être tenté, au point de vue du département : c'est dans ce but que je publie une brochure dont l'opportunité est basée sur ce très-simple et très-modeste raisonnement d'arithmétique : — « Un seul arrondissement réclamant avec justice, avec fermeté, avec ensemble,

---

(1) Le conseil des Ponts et chaussées est présidé par **M. Magne**, ministre des Travaux publics. La commission des Travaux publics, chargée du contrôle des chemins de fer, est présidée par **M. Rouher**, ancien ministre de la Justice, aujourd'hui Président de section au Conseil d'État.

a fait naître des sympathies, a obtenu d'heureux résultats ; quatre arrondissements réclamant avec la même
justice, avec la même fermeté , avec le même ensemble,
obtiendront des résultats plus heureux encore. » — Mon
but est donc de réunir aux demandes de Narbonne celles
de Carcassonne, de Castelnaudary et de Limoux, qui
ont dans la question le même intérêt. Mon but est de
provoquer ces demandes, de les recueillir et de les opposer
à la Compagnie comme un invincible faisceau.

Une occasion toute naturelle vient s'offrir pour atteindre ce résultat. Les conseils d'arrondissement et le conseil
général de l'Aude vont se réunir très-prochainement.
Dans leurs attributions, dans leurs prérogatives se trouve
compris le droit d'émettre un vœu, de voter une adresse
pour recommander un intérêt spécial du département.
Préparer la base de cette adresse, préparer la base de ce
vœu, voilà mon but ! Toutefois, comme j'ai à saisir de
la question trois arrondissements où elle n'a pas encore
été approfondie et où l'on peut la croire étrangère aux
besoins immédiats du nord du département, je m'atta-
cherai surtout à la considérer au point de vue spécial
qui rattache les intérêts vitaux de ces trois arrondissements à ceux de Narbonne. Au milieu des preuves
abondantes qui se pressent sous ma plume, au milieu
des nombreux arguments qui ne manquent jamais à une
cause juste, je prendrai seulement les arguments et les
preuves qui tendront essentiellement et directement au
but que je me propose. Cette observation faite, j'entre en

matière et traite la question sous la forme qui me paraît la plus digne de fixer l'attention et d'éveiller la sollicitude des conseillers du département. Je ne m'adresse pas aux Conseils, pris comme corps officiels, mais aux membres qui les composent, pris individuellement. Je suppose que j'ai réuni autour de moi les membres du conseil général de l'Aude, et que je soumets à leur appréciation éclairée les réflexions suivantes :

Il y a onze ans, le Conseil général de l'Aude faisait inscrire dans ses procès-verbaux la délibération suivante :

« Le Conseil émet le vœu que le chemin de fer de l'Océan à la Méditerranée, classé dans la dernière session des chambres, soit doté des fonds du trésor et mis à exécution dans un très-bref délai. La dénomination de cette ligne indique suffisamment son importance nationale.

« Le Conseil espère que la direction de cette ligne, depuis Toulouse par Castelnaudary, Carcassonnne et Narbonne, à travers le département de l'Aude, ne souffrira aucune contestation. La configuration du sol, la richesse agricole et commerciale de la contrée, l'importance des grands centres de population, la facilité d'établir à Narbonne, au moyen d'une dépense médiocre, un embranchement sur Perpignan et l'Espagne, sont des motifs qui ne permettent pas de songer sérieusement à aucune autre direction. »

Tel fut, Messieurs, dans le département, le point de

départ d'une question qui préoccupe aujourd'hui les esprits d'une manière si vive. Dès que la ligne de Bordeaux à Cette eut été classée dans la loi des chemins de fer, le Conseil général de l'Aude intervint pour indiquer, sommairement mais avec un grand sens, la seule voie praticable dans l'intérêt du pays. Depuis ce moment, la question fut constamment présente à la pensée du Conseil général.

Après la loi sur les chemins de fer, vinrent les études et les tracés. La direction souhaitée par le conseil et par le département étant menacée, le Conseil général intervint encore et entra plus avant dans la question. Avec un zèle patriotique, digne à tous égards de notre admiration et de notre gratitude, le Conseil général de l'Aude, abordant hardiment, sous toutes ses faces, la question du tracé, maintint avec énergie ses premières idées sur la direction à donner au chemin de fer, repoussa avec une grande force, par des considérations approfondies, les études entreprises du côté de St.-Pons, et demanda l'allocation, sur les fonds de réserve du budget, d'une somme de sept millions pour commencer les travaux entre Cette et Carcassonne.

Telle fut l'attitude du Conseil en 1843. Depuis cette époque, il n'eut plus à intervenir que pour de nouvelles demandes de fonds, dans le double but d'amener l'exécution des travaux et de donner au pays tout entier le bienfait immense que lui concédait la loi générale des chemins de fer.

La conduite si digne, si louable du Conseil général de l'Aude peut donc se résumer ainsi : quand les études du chemin de fer ont été dirigées dans un sens hostile au département, le Conseil est intervenu, repoussant avec énergie les projets étudiés; quand le tracé conforme aux intérêts du département a été maintenu, sanctionné par l'adhésion formelle des ingénieurs de l'État, le Conseil, confiant dans la force de ses réclamations et dans son droit, s'est borné à demander la prompte exécution des travaux.

Cette conduite, éminemment recommandable, je la cite devant vous, Messieurs, comme un hommage au zèle bien connu de vos prédécesseurs et comme un présage certain des actes qu'une situation non moins grave inspirera à votre patriotisme.

Quand le Conseil général intervint en 1842, il y avait un simple classement législatif. La loi disait : il sera établi un chemin de fer se dirigeant *de l'Océan à la Méditerranée, par Bordeaux, Toulouse et Marseille.* Cela suffisait pour que le Conseil général, toujours prêt à défendre les intérêts de l'Aude, dit dans ses délibérations : ce chemin doit passer par Castelnaudary, Carcassonne et Narbonne.

Quand le Conseil général intervint en 1843, il y avait une simple étude sur le papier, faite sur la demande de trois villes, dans l'intérêt bien réel de la compagnie du Canal, et tendant à diriger le chemin sur Béziers, par Castres et la Montagne-noire. Cela suffisait pour que le

Conseil général, dont le zèle allait au devant de tous les doutes pour les dissiper, au devant de toutes les objections pour les détruire, formulât le noble vœu dont je viens d'indiquer le sens ferme et précis.

Aujourd'hui, il y a plus qu'un simple classement législatif. Il ne s'agit plus d'une étude sur le papier. Il s'agit d'une voie jalonnée dans tout son parcours, indiquée avec exactitude par des piquets numérotés, par des mâts pavoisés, et dont le sol foulé, les arbres mutilés, indiquent assez la direction. Il s'agit d'une voie étudiée avec une prédilection manifeste par un ingénieur de mérite et soutenue par lui avec une fatale persévérance.

Aujourd'hui, il y a d'un côté une loi dont le titre contient ces mots : *Embranchement de* Narbonne *à Perpignan*; il y a, d'un autre côté, des plans arrêtés, des études dirigées et fixées, dans un esprit tel, que, soit à l'ouverture des travaux, soit très-peu de temps après, la tête de l'embranchement sera portée à six kilomètres de Narbonne.

Aujourd'hui, il y a d'un côté deux articles du cahier des charges portant en substance : la grande ligne de Bordeaux à Cette passera par Narbonne; le chemin de Narbonne à Perpignan s'embranchera à Narbonne sur la grande ligne; il y a, d'un autre côté, d'habiles ingénieurs travaillant dans un sens opposé à ces deux articles, et basant sans doute, sur la grande influence, sur la haute position de la Compagnie, l'espoir d'un succès qu'une loi nouvelle pourrait seule donner.

En présence de cette situation, le Conseil général de l'Aude, se rappelant les précédents, reprenant les traditions dont quelques membres de l'ancien Conseil, présents encore sur vos bancs, peuvent mieux que moi rappeler la noblesse et la dignité, le Conseil général interviendra. Quelque grave et urgente que soit la question, le péril peut être conjuré. Il le sera, car la sollicitude du conseil des Ponts et chaussées, constamment excitée, fera triompher une cause juste. Il le sera, car l'attention du Ministre, tenue en éveil, protégera les intérêts de l'Aude. Il le sera, car votre zèle fera face à la situation par un vote énergique. Du concours unanime d'un département, dont vous êtes les représentants éclairés, il résultera qu'au moment où les plans seront soumis à l'administration centrale des Ponts et chaussées, le Ministre, averti déjà par tous les moyens de publicité dont un pays peut disposer, opposera ce véto invincible que nous espérons de sa justice et de ses hautes facultés.

I

Dans un premier travail que chacun de vous a reçu,
j'ai démontré, il y a peu de temps, l'intérêt spécial de
Narbonne dans la question relative à la jonction des deux
chemins de fer sous les murs même de la ville. Abordant,
dans ce premier travail, la question du tracé, m'appuyant
sur des pièces officielles, rédigées avec cette maturité
qui distingue les œuvres des Ponts et chaussées; compa-
rant ces études avec celles de la Compagnie, j'ai démontré
la supériorité des travaux exécutés par le Gouvernement.
Je ne reviendrai pas sur cette question : je porterai la
discussion sur un autre terrain, sur celui même qui se
rattache essentiellement aux intérêts spéciaux que vous

défendez avec tant de dévouement et de zèle. Je veux considérer la question du chemin de fer dans ses rapports avec les intérêts les plus sérieux de la partie septentrionale du département. Cette question me paraît d'autant plus opportune, qu'elle me fournit l'occasion de réfuter un préjugé très-répandu dans le nord du département. On y croit généralement que, de la diversité des cultures, des industries et des produits, résulte une diversité notoire d'intérêts : j'espère montrer au contraire que, de cette diversité même, résulte une infaillible solidarité d'intérêts fondée sur la nécessité des échanges ; sur la prospérité commune, produite par l'activité des relations commerciales, et sur les facilités que la richesse, accrue sur un point quelconque de l'Aude, donne au département pour subvenir à la fois aux charges publiques et aux charges spéciales du budget local. Rattachant à ce point de vue la question relative aux facilités que donne un port de commerce pour l'exportation des principales denrées récoltées dans le nord du département, j'espère porter la conviction dans les esprits et démontrer, de la manière la plus complète, que, dans la question des chemins de fer de Narbonne, les intérêts des quatre arrondissements de l'Aude sont identiques.

L'intérêt réel, considérable du nord et du midi du département est que le croisement des deux lignes de fer ait lieu à Narbonne, comme l'indique le cahier des charges. Avec le croisement des deux lignes, une vaste gare est construite ; des ouvriers en grand nombre

obtiennent du travail, et trouvent, dans le prix rému-
mérateur, une juste récompense de leurs efforts. Autour
de la gare s'élèvent des maisons, des magasins, des hôtels.
Les transactions commerciales, efficacement secondées,
s'étendent et se multiplient, en raison même des facilités
qui leur sont ouvertes. Une population agglomérée, flot-
tante dès l'origine, réunie par le besoin seul du travail,
se fixe bientôt sur un sol que l'attrait du climat, l'ur-
banité de la population et de faciles bénéfices lui rendent
précieux. Par suite du mouvement plus étendu d'affaires
et de l'accroissement des constructions, le prix du terrain
s'élève, la propriété bâtie acquiert une valeur plus
grande, le produit proportionnel des charges publiques
se développe dans une progression ascendante, et fournit
au département une base efficace pour l'équilibre de ses
budgets. Ce premier point de vue ne saurait déplaire aux
honorables membres du Conseil, dont les vues généreuses
trouvent, dans le *fonds commun* et les *centimes facul-
tatifs*, des auxiliaires toujours insuffisants.

Toutefois, ce point de vue n'est pas le plus important
de ceux qui méritent de fixer votre attention sérieuse et
réfléchie. Narbonne devenant, par le croisement des deux
chemins, la tête des trois grandes lignes de Bordeaux,
de Marseille et de l'Espagne, le point de jonction devient
le foyer central où s'élaborent les produits nécessaires à
l'exploitation des voies de fer et à l'entretien du matériel
roulant. Une conséquence naturelle résulte de cette position: à très-peu de distance de la gare, s'élève un atelier

pour la construction des wagons, pour l'établissement des tenders et l'outillage des machines. Dès ce moment, les richesses minérales et forestières de l'Aude peuvent être utilisées. Leurs produits, aujourd'hui enfouis dans le sol ou inertes à sa surface, se répandent dans l'industrie, en vivifient toutes les branches, et vont grossir le vaste fleuve de la richesse publique.

Durant les premières années, la Compagnie donnera des ordres, pour l'outillage, à des établissements éloignés; elle s'adressera à des usines habituées depuis longtemps aux constructions de cette nature. Plus tard, après quelques années prospères d'exploitation, quand les capitaux affluant vers elle abonderont dans ses mains, la Compagnie voudra faire elle-même l'outillage et divers travaux que, dans les premiers temps, elle commandait à d'autres. Alors, c'est à Narbonne qu'elle placera ses usines. C'est de Narbonne que partiront pour Perpignan, Figuères, Girone et le centre de l'Espagne, les ouvrages construits dans ses ateliers. L'Espagne reçoit beaucoup de l'Angleterre, pourquoi ne recevrait-elle pas de nous? J'ai vu, il y a trois ans, en visitant la péninsule espagnole, établir le ballast, poser la voie et essayer les locomotives sur le chemin de Madrid à Aranjuez : les rails, les wagons et les machines venaient d'Angleterre ! Quand Narbonne aura son atelier, l'Espagne n'ira pas chercher si loin ce que la France pourra lui fournir. Ces chemins de fer espagnols, dont les branches multiples doivent se projeter de Mataró à la frontière de France ; de Barcelone à Tar-

ragone, à Reuss, à Valence, pour se rattacher aux
grandes lignes des deux Castilles et de l'Andalousie ; ces
chemins de fer espagnols deviendront autant de foyers de
consommation que la France pourra alimenter. Eh bien !
le point le mieux placé pour atteindre le vaste et fécond
rivage oriental de l'Espagne, c'est Narbonne ! De cette
position magnifique, dont l'histoire constate assez l'importance, un avenir splendide résultera pour tout le
département.

Plusieurs parties de l'Aude produisent du combustible ;
le bois de construction abonde, le travail du fer est actif
sur plusieurs points ; l'usine de Narbonne en consommera
les produits, en activera la fabrication et leur donnera
une importance inconnue jusqu'à ce jour. Des contrées
à peu près inexplorées seront fouillées, recherchées,
exploitées ; une impulsion très-vive sera donnée aux
forges, aux ateliers métallurgiques ; et, comme une
conséquence de ce mouvement, on verra se produire ce
résultat si désiré par vous tous : l'activité des travaux sur
toutes les routes, une vive impulsion donnée à toutes les
branches du travail départemental ayant pour objet d'amé-
liorer, de classer, de créer les voies de transport, grandes
ou petites. Quand la production manufacturière ou agricole est excitée dans un pays, soit par des besoins
nouveaux, constatés dans l'intérieur, soit par de nouveaux
débouchés ouverts à l'extérieur, une des premières conséquences, une impérieuse nécessité consiste dans un
système de voies de transport en harmonie avec les

nouveaux besoins, dans un système de débouchés correspondant à une plus grande abondance de produits. Par le seul fait du mouvement considérable, inconnu encore dans nos contrées, qui sollicitera d'une manière très-vive et très-efficace la production départementale, par la seule extension du marché agricole, commercial et industriel de Narbonne, qui verra affluer vers son foyer les produits de l'Aude et les répandra dans des régions lointaines, les routes départementales et vicinales, actuellement exploitées, deviendront insuffisantes pour la circulation nouvelle; et les routes non terminées seront activement construites, grâce au mouvement ascendant de richesse qui, en se déployant dans le pays, fournira au département les ressources nécessaires pour les achever.

Ce mouvement magnifique qui répond au plus cher de vos vœux, n'est-il pas digne de votre attention? Cette splendeur future du département de l'Aude n'est-elle pas digne de vos méditations?

Une erreur très-répandue consiste à faire croire que les chemins de fer nuisent inévitablement, essentiellement à toutes les routes ordinaires. Rien de pareil n'est exact dans un sens absolu. Les chemins de fer ne nuisent qu'aux lignes placées parallèlement à leur voie; ils augmentent, au contraire, dans une grande proportion le mouvement de voyageurs et de marchandises sur les routes qui se développent dans un sens perpendiculaire à leur direction ou dans un sens transversal. La raison en est sensible : quand deux routes se développent parallèlement, les voyageurs prennent celle où le trajet est plus court et plus rapide. Dans ce cas, la voie de fer se trouvant en concurrence avec la voie ordinaire, nuit essentiellement à celle-ci, parce que toute lutte de vitesse tournerait incontestablement à l'avantage de la voie ferrée. Dans le cas contraire, lorsque la route ordinaire se dirige perpendiculairement ou transversalement à la voie ferrée, loin de se trouver en concurrence avec cette voie, elle en seconde le mouvement et l'activité, car les populations traversées ont un besoin indispensable de la route ordinaire pour se rendre au chemin de fer : le mouvement y devient donc plus considérable, la richesse augmente dans les régions voisines et fournit abondamment, par l'augmentation des ressources départementales, les moyens d'entretien pour les voies terminées et les moyens d'exécution pour celles dont les travaux sont commencés. Pour toutes les voies ordinaires de transport, placées dans ces conditions, pour toutes les routes se dirigeant perpendiculairement ou transversalement au chemin de fer, les voies ferrées ont donc une grande importance ; elles exercent sur elles une action analogue à celle de l'aiguille aimantée sur les métaux : elles attirent les voyageurs et les marchandises sur les routes déjà livrées à la circulation et font achever celles dont les travaux ont été entrepris.

S'il n'en était pas ainsi, comment expliquerait-on les résultats observés dans les deux pays de l'Europe où les premiers chemins de fer ont été construits ?

En Belgique, où des barrières à péage établies sur les routes ordinaires permettent de constater le mouvement annuel qui s'y effectue, voici le résultat obtenu après l'établissement des chemins de fer : sur les routes de première classe, le produit de la taxe des barrières éprouva une diminution de 1 ½ pour cent; sur les routes de seconde classe, il y eut au contraire une augmentation de onze pour cent; sur les routes spéciales de chaque province, sur les routes du dernier degré, l'augmentation fut de dix-sept pour cent! Ouvrez une carte de Belgique, vous verrez que les routes de première classe où s'opère une diminution de 1 ½ pour cent, sont précisément en concurrence avec les chemins de fer; vous verrez au contraire que les routes de seconde classe et surtout les routes provinciales, tracées presque toujours dans un sens transversal, forment pour ainsi dire les affluents naturels des voies de fer.

En Angleterre, où les barrières à péage existent comme en Belgique, sur toutes les routes ordinaires, un état spécial, officiel, soumis au Parlement par les commissaires des diverses administrations des barrières, constate les faits suivants :

Avant l'établissement des chemins de fer, dans une période de cinq ans, 1829-1834, le produit de la taxe des barrières déclinait, ou du moins restait à peu près stationnaire : de 36,381,275 francs, chiffre de 1829, il descendait, en 1834, à 35,790,225 francs. De nombreux chemins sont ouverts, et, cinq ans après, en 1839, le produit de la taxe des barrières, s'élevant à 38,323,900 francs, constate un accroissement de 7 pour cent.

Ainsi, avant l'établissement des chemins de fer, le produit des barrières, ou, ce qui est la même chose, le mouvement sur les routes ordinaires d'Angleterre diminuait. Après l'établissement des chemins de fer, ce mouvement augmente. Comment s'expliquer ce résultat? Très-facilement, car il suffit d'un examen spécial, opéré route par route et comté par comté, pour s'en rendre compte.

Si l'on prend les détails, en effet, on trouve que, sur la route ordinaire qui cotoie la grande ligne de Londres à Birmingham, la diminution du produit des barrières a été de douze pour cent; on trouve ensuite que, dans les environs de Londres, où les chemins de fer rayonnent dans un grand nombre de directions et cotoient par conséquent beaucoup de routes ordinaires, le produit des barrières a diminué de vingt pour cent. En général, c'est sur la ligne de poste, voisine du chemin de fer et allant dans le même sens, que la réduction se manifeste; l'augmentation est sensible au contraire sur les autres routes; et cette augmentation est assez forte pour produire, dans l'ensemble, une augmentation de trois millions. Ce résultat vient incontestablement du mouvement plus considérable effectué sur des lignes dirigées dans un sens opposé aux chemins de fer, sur des lignes qui, loin de se trouver en concurrence avec les voies ferrées, en secondent puissamment l'activité.

En Angleterre donc, comme en Belgique, même résultat : diminution du mouvement sur les routes ordinaires qui cotoient les chemins de fer ; accroissement sur celles qui, se dirigeant perpendiculairement aux voies ferrées, deviennent leurs affluents naturels.

Après vous être bien pénétrés des principes que j'ai posés, après avoir médité les faits observés en Belgique et en Angleterre, ouvrez la carte de l'Aude dressée, en 1850, par M. Don, avec le concours de M. Desalle [1] : vous serez frappés de voir la quantité de routes départementales et vicinales sur lesquelles la voie ferrée doit exercer une force irrésistible d'attraction. Presque toutes les routes de l'Aude sont dans des conditions analogues à celles dont j'ai parlé. Que ces routes descendent de la Montagne-Noire, des Pyrénées ou des Corbières, elles vont presque toutes dans un sens perpendiculaire au chemin de fer.

J'ai fait le travail que j'indique, pour toutes les routes de l'Aude, et j'en ai vu sortir un grand intérêt départemental. Permettez-moi d'en mettre sous vos yeux les principaux résultats.

En ce qui concerne les grandes routes, dont vous ne payez pas les frais, je crois inutile de produire des chiffres

---

[1] Carte routière du département de l'Aude, dressée sur la demande du Conseil général, par ordre de M. Edmond DuguÉ, préfet, sous la direction de M. Don, ingénieur en chef des ponts et chaussées, avec le concours de M. Desalle, agent-voyer en chef. — 1850. — Échelle de 0^m 005 pour 1 kilomètre $\frac{1}{200,000}$.

et d'insister beaucoup. Je me borne à constater que, sur cinq de ces routes qui traversent le département, trois [1] sont dans les conditions voulues pour recevoir des chemins de fer une vive impulsion. L'une d'elles surtout, la route n.º 118, d'Alby en Espagne, qui traverse le département dans toute sa longueur et coupe la voie ferrée dans un sens transversal, verra s'accroître, dans son parcours et dans toutes les régions voisines, le mouvement des marchandises et des voyageurs, l'activité commerciale, la prospérité agricole et l'aisance. Il n'est pas un voyageur qui, parti du versant septentrional de la Montagne-Noire pour aller vers la Provence et l'Italie, ne délaisse la route parallèle de St.-Pons pour venir dans l'Aude prendre le chemin de fer.

Les chemins vicinaux de grande communication sont placés dans des conditions extrêmement heureuses pour voir leur mouvement s'accroître après l'ouverture des chemins de fer.

Sur vingt-huit chemins de cette catégorie formant un développement total de 607,471 mètres, huit seulement se dirigent dans un sens parallèle au chemin de fer, vingt sont dans un sens perpendiculaire ! Et ces vingt chemins vicinaux, qui doivent recevoir de la voie ferrée un si grand accroissement de circulation et produire une augmentation considérable de travail, offrent un déve-

---

[1] **Routes** n.ᵒˢ 117, 118 et 119.

loppement de 443,270 mètres. C'est 73 pour cent de la distance totale.

Voici l'indication des vingt chemins vicinaux de grande communication qui se dirigent dans un sens perpendiculaire au chemin de fer ou qui le coupent dans un sens transversal :

Mètres.

1. Chemin n.º 1. — De Trèbes aux Martys (limite du Tarn).. 36,500
2. Chemin n.º 3. — De Castelnaudary à la route 118, par St.-Papoul, Villemagne et Saissac........ 26,689
3. Chemin n.º 4. — De Carcassonne à Limoux............. 30,911
4. Chemin n.º 5. — De Tuchan à Narbonne, par Durban.... 28,770
5. Chemin n.º 6. — De Sérame à Durban, par Ferrals...... 29,120
6. Chemin n.º 8. — De Cailhau à Caudeval. — Route importante, qui établit des communications directes entre Carcassonne et Pamiers.. 15,300
7. Chemin n.º 10. — De Lagrasse à la route n.º 4. — C'est par cette route que les laines des Corbières sont portées dans les fabriques de Carcassonne et de Limoux............... 28,600
8. Chemin n.º 11. — De Cuxac-Cabardès à Ferrals. — Communication directe entre la Montagne-noire et les Corbières 46,590
9. Chemin n.º 12. — De Villeneuve-Minervois à la limite du Tarn............................. 22,500
10. Chemin n.º 13. — De Castelnaudary aux Cassés.--Communication entre Castelnaudary et Revel. . 18,000
11. Chemin n.º 16. — De Saissac à la route 113. -- Cette route facilite les communications entre Saissac, Alzonne et Fangeaux................ 13,000
12. Chemin n.º 17. — D'Avignonet à Revel................. 7,800
13. Chemin n.º 18. --- De la route 113 à la mer. -- Perpendiculaire à la section de Villedaigne à Narbonne par Montredon, et à la section de Narbonne à Périès par Coursan. 28,636

14. Chemin n.° 20. --- **De Puivert à la route départementale n.°** 10. -- Ce chemin facilite les communications avec Chalabre, le Razès et Carcassonne......................... 14,700

15. Chemin n.° 21. ---**De Puivert à la route 118.** -- Ce chemin, qui traverse une vallée fertile, établit une communication directe entre Puivert et Carcassonne par Limoux........... 23,800

16. Chemin n.° 22. -- **De Moux à Fabrezan.** ---Ce chemin qui dessert Fabrezan et facilite les communications avec Camplong et Lagrasse, par le chemin d'intérêt commun n.° 25, peut être considéré comme une dépendance des chemins n.° 6 et n.° 11, déjà notés......................... 2,500

17. Chemin n.° 23. — **Des Martys au Pas d'el Rieu.** -- Ce chemin facilite les communications entre La Bruyère, la Montagne-noire et Carcassonne........................... 7,500

18. Chemin n.° 24. — **D'Arfons à la route n.° 1.** --Communication directe entre Carcassonne et Dourgne............................... 6,500

19. Chemin n.° 26. --**De La Leude à Revel.** -- Ce chemin facilite les communications, d'un côté, avec la route n.° 113 et le canal du Midi, de l'autre, avec Revel par la route départementale n.° 2...................... 21,485

20. Chemin n.° 29. — **De Mouthoumet à la route 118.** ---Communication directe entre la Corbière et Carcassonne, par Limoux............ 34,270

443,270

Après les chemins vicinaux de grande communication, voyons les routes départementales. Ici, une proportion plus forte encore peut être signalée.

Les routes départementales de l'Aude offrent ensemble un développement de 670,378 mètres. Sur ce chiffre, les routes parallèles au chemin de fer n'ont qu'une longueur de 170,203 mètres. Les routes perpendiculaires au contraire, qui doivent profiter des chemins de fer dans une large proportion, présentent un développement total de 500,175 mètres : c'est 74 $^6/_{10}$ pour cent de la longueur totale.

Voici le tableau des routes départementales qui se dirigent perpendiculairement au chemin de fer ou le coupent dans un sens transversal :

Mètres

1. Route n.º 1. — De Carcassonne à Montolieu, Saissac et Revel .... 23,307[1]
2. Route n.º 2. — De Castelnaudary à Revel 12,855
3. Route n.º 3. — De Carcassonne à La Nouvelle, par la Corbière, Portel et Sigean 68,002

Nota. La première partie de cette route, qui descend de la Haute-Corbière vers Carcassonne, par Lagrasse, est perpendiculaire au chemin de fer de Bordeaux à Cette ; la deuxième partie, qui descend de la Haute-Corbière vers La Nouvelle, par Portel et Sigean, est perpendiculaire à l'embranchement de Narbonne à Perpignan.

4. Route n.º 4. — De Mirepoix au canal du Midi, par Bram. 9,815
5. Route n.º 6. — De Castelnaudary à Mirepoix, par Fendeille. 23,850
6. Route n.º 7. — De Narbonne à St.-Pons, par Marcorignan et St.-Marcel 21,957
7. Route n.º 8. — De Carcassonne à St.-Pons, par Villalier, Caunes, Citou et Lespinassière 35,740
8. Route n.º 9. — De Castelnaudary à Limoux, par le Razès. 34,787
9. Route n.º 10 — De Limoux à Chalabre et Foix. -- Prolongement de la route 118 34,300

---

[1] La longueur en mètres n'indique, pour chaque route, que la partie comprise dans le département.

10. Route n.º 12. — De Chalabre à Narbonne, par Couiza, Mouthoumet, St.-Laurent et Thézan.

Nota. Nous comptons une moitié de cette route comme parallèle au chemin de fer de Bordeaux à Cette, et l'autre moitié, à partir de la Haute-Corbière, comme perpendiculaire à l'embranchement de Narbonne à Perpignan. Le développement total de cette route départementale étant de................ 108,542 mètres, nous n'inscrivons au compte des lignes perpendiculaires que.... 54,271 mètres...　54,271

11. Route n.º 13. — De Narbonne à St.-Chinian, par Cuxac-d'Aude et Ouveillan.................　14,965

12. Route n.º 15 — De Mirepoix à Villefranche, par Salles-sur-l'Hers.........................　26,980

13. Route n.º 16. — Tronçon de route départementale se détachant de la grande route n.º 117. — Cette route établit une communication avec Mirepoix, d'un côté; avec le Razès et le canal du Midi, de l'autre, par les routes n.º 25 et n.º 8.................　13,899

14. Route n.º 17. — De Roquefort à la grande route n.º 118.　18,555

15. Route n.º 18. — De Carcassonne au Razès..............　20,534

16. Route n.º 19. — De Castelnaudary à Pamiers...........　31,534

17. Route n.º 21. — Embranchement de la route départementale n.º 9 sur la grande route n.º 119.- Cette route établit une communication directe entre le Razès, Alzonne et la Montagne-Noire....................　3,598

18. Route n.º 22. — De Belcaire à Quillan...............　18,154

19. Route n.º 23 — De Lagrasse à Tuchan. — Cette route est complétée par le chemin de grande communication n.º 5 (*de Tuchan à Narbonne, par Durban*) que nous avons inscrit, dans le premier tableau, comme perpendiculaire à l'embranchement de Narbonne à Perpignan.........................　33,072

500,175

Les deux tableaux que j'ai dressés, pour les chemins vicinaux de grande communication et pour les routes départementales, peuvent être résumés ainsi.

Sur un ensemble de 1,277,000 mètres de routes formant un total de 317 lieues, les chemins perpendiculaires à la voie de fer et qui doivent recevoir de cette position de très-grands avantages, offrent un total de 943,000 mètres, ou 235 lieues. Les routes parallèles, appelées à recevoir des voies de fer une influence différente, présentent un total de 82 lieues; mais ces routes, placées dans une disproportion si grande vis-à-vis des voies perpendiculaires; enlacées dans un réseau, où l'activité des transports et la circulation des habitants s'accroîtra d'une manière notable; ces routes, très-éloignées d'ailleurs des chemins de fer, ne sauraient ressentir l'influence immédiate et désastreuse qui résulte d'une position parallèle et rapprochée. Elles se ressentiront au contraire de la prospérité nouvelle; elles obéiront à cette impulsion générale d'accroissement et de progrès qui animera le département tout entier, en fécondera les ressources et les répandra à profusion sur les marchés.

Ce travail sur les routes principales du département pourrait être continué pour les chemins vicinaux *d'intérêt commun*, classés et non classés. Je n'en mets pas les résultats sous vos yeux, dans la crainte de fatiguer l'attention par des détails compliqués et par de longues colonnes de chiffres. Il me suffit de rappeler que les routes placées dans ces conditions sont précisément celles qui, en Belgique et en Angleterre, ont le plus profité des chemins de fer. Les chemins de cette dernière catégorie, si essentiels à l'agriculture pour les travaux des champs et pour le transport au marché des denrées principales, n'ont pas besoin d'aboutir au chemin de fer pour profiter du mouvement général qui se manifeste dans un pays. Il suffit que l'aisance se répande, que les capitaux abondent et que la production augmente, pour que ces voies modestes de l'agriculture participent aux bénéfices plus grands de la richesse publique. Il ne faut donc pas douter un instant que, dans l'Aude, les chemins de fer n'exercent une action réelle sur le mouvement de nos voies vicinales du dernier degré.

En lisant les tableaux que je viens de produire, je vous supplie, Messieurs, de ne pas borner vos investigations à un examen superficiel des routes indiquées. Je souhaite un examen sérieux, approfondi, basé sur une étude complète des ressources du pays et sur une appréciation consciencieuse des éléments que les chemins de fer peuvent développer. Je vous supplie surtout de ne point mesurer vos appréciations sur l'état actuel, bien imparfait et bien modeste, de la circulation, de la production et de la richesse dans notre département. Les chemins de fer développent, agrandissent et transforment tout. Quand on veut apprécier à l'avance les résultats qu'ils amènent, il faut toujours prévoir au-delà même de ce que des espérances magnifiques peuvent faire présager. Il faut souvent se rappeler le fait suivant et le méditer.

Quand le chemin de fer de Bruxelles à Malines allait s'ouvrir, et que les ingénieurs les plus éminents d'un État voisin eurent à évaluer la circulation présumée de cette ligne, ils établirent leurs calculs sur le raisonnement suivant : — « La circulation de la route royale de Bruxelles à Malines est de 75,000 voyageurs par an : après l'ouverture du chemin de fer, cette circulation annuelle sera de 100,000 voyageurs. » — Le chemin de fer s'ouvrit et donna les résultats suivants : la première année, le nombre des voyageurs fut de 375,000 ; la quatrième année, ce nombre dépassa un million ! Il fallut doubler les gares, et un élan considérable se manifesta sur toutes les routes provinciales, grandes ou petites, dont la direction perpendiculaire ou transversale portait vers la voie de fer les marchandises et les produits.

Étudiez d'après ces données de l'expérience, étudiez profondément la situation de l'Aude, ses ressources inépuisables, l'activité intelligente de ses habitants, et vous serez convaincus que les routes ordinaires de toutes les catégories verront leur mouvement s'accroître dans de fortes proportions.

Mais, c'est surtout dans la direction de Narbonne que ce mouvement éclatera avec le plus d'intensité ; c'est surtout vers Narbonne que vos routes départementales et vicinales viendront porter le tribut de leurs richesses. Les populations rurales et industrielles, traversées par vos routes, ont le plus grand intérêt à ce que leurs produits arrivent sous nos murs dans les conditions les plus heu-

reuses, car Narbonne est non-seulement le point destiné
à recevoir les marchandises de Marseille et de Bordeaux,
c'est encore le point principal traversé par la grande voie
du commerce entre l'Est, le Sud-Oriental de la France
et l'Espagne ; c'est encore le point destiné à recevoir les
marchandises qui, venant d'Italie, d'Autriche et de
Suisse, passent sur notre territoire pour se rendre en
Espagne. Après l'achèvement du réseau complet du midi
de la France ; après que nos lignes de fer auront été
réunies, par Besançon et Bâle, au réseau du centre et
du nord de l'Allemagne, l'importance du transit effectué
entre les divers États et l'Espagne, qui s'élève aujourd'hui
à une somme de quatorze millions environ, s'accroîtra
dans de notables proportions. Pour les populations de
race italienne et allemande, la ligne la plus courte, entre
leurs États et l'Espagne, sera celle de Narbonne. En vain
Strasbourg et sa voie de fer, en vain le Centre et l'Ouest
voudraient lutter : la vallée du Rhône et les brillantes
cités du Midi, voilà, pour l'Europe centrale, la grande
voie de l'Espagne. Dans cette situation, Narbonne verra
affluer vers son foyer commercial une grande partie des
marchandises qui se rendent dans la péninsule ou qui en
viennent soit comme se rattachant au commerce de la
France soit comme se rattachant au transit. Ne croyez
pas d'ailleurs que ce commerce dont je parle et ce transit
soient de peu d'importance au point de vue du chemin
de fer : sur un total de cent quarante-cinq millions,
exprimant les valeurs réunies du commerce de la France

avec l'Espagne et du transit entre ces deux puissances, des masses de marchandises ayant une valeur de cinquante-huit millions se rendent en Espagne ou en viennent PAR TERRE. Est-il téméraire de penser qu'une très-grande partie des marchandises représentées par ces valeurs prendra la direction de Narbonne ? Est-il téméraire de penser que, sous l'influence fécondante des voies nouvelles, appelées à décupler la richesse de la France et à régénérer l'Espagne, l'importance du transit et du commerce entre les deux puissances sera doublée en peu d'années ?.. Non, non : rien n'est exagéré dans cette assertion. La France et l'Espagne, ces deux nobles pays que tant de liens communs unissent, que tant de précieuses qualités recommandent à l'attention du monde, la France et l'Espagne grandiront ensemble. Unies par la vapeur, qui réalisera pour elles, d'une manière pratique, la célèbre parole de Louis XIV [1]; unies par la vapeur, elles mêleront leurs populations, leurs vœux, leurs richesses et leurs destinées. Cette ancienne terre de la Langue d'Oc qui, depuis les Alpes jusqu'au fond du royaume de Valence, offrait jadis un peuple parlant la même langue et ayant les mêmes vues, montrera à l'Europe des populations amies, heureuses de contribuer à la prospérité d'un sol illustre, qui fut longtemps pour elles une même patrie.

De cette union de deux grands peuples, résultera, n'en

---

[1] Personne n'ignore les paroles de Louis XIV au duc d'Anjou : *Il n'y a plus de Pyrénées !*

doutez pas, un grand accroissement de leur commerce.
L'agriculture et l'industrie fécondées déploieront leurs
ressources ; et c'est alors que l'on verra se produire, sur
la ligne de Narbonne aux Pyrénées, ce mouvement
remarquable, immense, que j'ai déjà indiqué, il y a sept
ans, dans une publication spéciale [1]. C'est alors que la
production agricole sollicitée, excitée par ces voies nouvelles, couvrira le sol de ses richesses et alimentera le
commerce de ses profits. C'est alors que ces routes utiles,
qui s'arrêtent inachevées sur les flancs des Corbières, des-
cendront vers la mer pour vous permettre de placer, sur
des marchés plus fructueux, le produit de vos terres, la
laine de vos troupeaux, le tissu de vos fabriques, et de
recevoir les fruits de l'Espagne, le fourrage de nos vallées,
le vin de nos collines et ce précieux produit de nos côtes
maritimes, le sel, si recherché, si cher dans vos montagnes, et que les flots de la mer dérivés, contenus par
l'industrie humaine, déposent abondamment sur nos
plages en cristaux étincelants. Les parties les plus éloignées de l'Aude ressentiront l'influence de ce mouvement
de l'industrie, de ce splendide essor du commerce et de
l'union réelle, indissoluble de deux peuples amis.

Ceci, Messieurs, n'est pas écrit dans l'intérêt spécial
de Narbonne mais dans le vôtre, car vous avez tous un

---

(1) *Enquête sur le chemin de fer de Narbonne à Perpignan. — Adhésion au tracé de Narbonne à La Nouvelle, par Bages, Peyriac-de-Mer
et Sigean ; suivie d'une Note sur le port de La Nouvelle.* — Paris 1846,
Pages 12, 13 et 14.

intérêt de premier ordre à ce que les profits résultant du mouvement , de l'élan considérable imprimé à toutes les industries , développent à Narbonne , au grand avantage de l'État et du département , une source de richesse qui facilite l'achèvement des routes entreprises par vous avec les ressources départementales. J'ouvre vos procès-verbaux imprimés et suis frappé du nombre de membres qui demandent l'exécution de routes situées aux quatre coins de l'horizon; j'ouvre vos comptes et suis frappé des faibles sommes qui correspondent à ces vives et persistantes demandes. Eh bien ! je ne crains pas de vous le dire, par un vote énergique sur les chemins de fer de Narbonne , vous ferez plus pour vos routes que par ces doléances périodiques dont votre secrétaire enregistre l'infructueuse expression.

Un mot suffira pour le démontrer.

La longueur totale de vos chemins vicinaux , rapprochée de la superficie du département, donne pour résultat 8 mètres 58 centièmes de chemin par hectare : c'est ce qu'a prouvé , il y a cinq ans , d'une manière mathématique, M. Desalle , agent-voyer en chef de l'Aude , dans un excellent rapport que vous avez tous dans les mains (1). J'inscris ce chiffre avec bonheur, car il constate un progrès d'un mètre 22 centièmes par hectare sur les données que j'avais recueillies moi-même , quelques années auparavant, à Paris. J'inscris ce chiffre avec bonheur , et j'en

---

(1) *Chemins vicinaux.* -- *Rapport de l'Agent-voyer en chef, sur l'ensemble du service.* — Carcassonne, 1848. — Pages 13 et 14.

fais sortir la preuve de mon assertion relative à l'achèvement des routes.

Le résultat constaté dans l'Aude vient, en effet, fortement à l'appui de mon assertion, si je le rapproche des résultats constatés dans les autres départements. Si je compare le chiffre de l'Aude avec ceux de diverses contrées de la France, j'arrive aux conséquences suivantes : dans 22 départements, placés dans la région méridionale où se trouve compris l'Aude, la longueur moyenne des chemins vicinaux, comparée à la superficie territoriale, est de 9 mètres 64 centièmes par hectare, c'est-à-dire un peu supérieure à celle de l'Aude. Dans tous les départements de la France pris en bloc, la longueur moyenne des chemins vicinaux est de 14 mètres 61 centièmes par hectare, et se trouve par conséquent excéder, de plus des deux tiers, la longueur moyenne de l'Aude. Si je vais plus loin ; si je prends les détails, et que je recherche la longueur moyenne des chemins vicinaux par hectare dans plusieurs départements très-riches, comme le Pas-de-Calais, le Maine-et-Loire, la Charente, la Haute-Garonne, le Lot-et-Garonne, la Seine-et-Oise et le Loiret, j'arrive aux résultats suivants :

Pour le Pas-de-Calais, je trouve une longueur moyenne de 18 mètres 30 centièmes de chemin par hectare ;

Pour le Maine-et-Loire, je trouve 19 mètres 12 centièmes.
Pour la Charente 20   74
Pour la Haute-Garonne 22   56

Pour le Lot-et-Garonne .... 23 mètres 89 centièmes.

Pour la Seine-et-Oise 25 97

Pour le Loiret............... 29 25

Quelle est la moyenne de l'Aude ? 8 mètres 58 centièmes !

Croyez-vous que cette moyenne, trouvée suffisante
pour la situation actuelle de l'Aude, ne sera pas modifiée
quand le bien-être public sera plus développé dans notre
département? Croyez-vous que l'Aude enrichi et prospère,
voyant s'accroître les ressources, n'augmentera pas le
nombre, n'élargira pas le classement de ses routes? Pour
croire à un tel résultat, il faudrait méconnaître la vivacité,
l'imagination chaleureuse, l'intelligence et le bon sens
pratique des populations que vous représentez : il faudrait
méconnaître à la fois les enseignements de l'histoire et les
prescriptions de la science.... Je pourrais poursuivre les
recherches et montrer que la longueur, la multiplicité
des routes est le corollaire nécessaire du développement
de la richesse. Ce que j'ai dit suffit : quand la moyenne
que j'avais recueillie pour l'Aude, s'est trouvée accrue
en peu d'années, grâce aux progrès de l'aisance, grâce
aux études pratiques, aux travaux patients des ingénieurs
de l'Aude, ne puis-je pas annoncer un nouveau progrès
correspondant à un accroissement nouveau de l'aisance ?
Quand des départements plus riches que l'Aude offrent
des moyennes trois fois, quatre fois et cinq fois plus
grandes, ne suis-je pas fondé à dire : toutes les routes

comprises dans votre faible moyenne, c'est-à-dire toutes vos routes actuelles, seront achevées; de nouvelles routes seront ouvertes, de nouvelles routes seront classées, et la longueur moyenne de vos chemins, comparativement faible aujourd'hui, s'élèvera, s'agrandira sous l'influence de ces flots magiques de vapeur dont l'œuvre de Papin, de Watt et de Stephenson inondera vos campagnes ?

Interrompez donc un instant vos débats, Messieurs; interrompez vos luttes sur les chemins n.° 1, n.° 2, n,° 3, etc.; interrompez vos débats pour considérer et approfondir le projet que j'aurai l'honneur de soumettre à vos méditations, à la fin de cet écrit. A la suite d'un vote énergique, à la suite d'un vœu ferme, précis et couronné d'un succès que méritent toujours vos lumières et votre zèle, le but de vos demandes, de vos vives réclamations pour les routes sera atteint, non sur un point étroit, isolé, circonscrit du département, mais partout ! Le nombre de vos chantiers de construction sera augmenté; les ouvriers, plus sérieusement occupés, verront s'élever leurs profits ; le département de l'Aude deviendra un vaste atelier, digne d'exciter l'envie des contrées les plus riches. Par suite de ce mouvement, le domaine agricole tout entier sera fécondé; l'intérèt manufacturier, efficacement servi, verra augmenter ses bénéfices. Les filatures de laine, les fabriques de drap, stationnaires depuis que le grand marché du Levant leur est fermé, trouveront, dans un pays enrichi, dans un département plus peuplé, d'heureuses compensations ; et un jour, quand le chemin de fer, aujourd'hui projeté à une voie, c'est-à-dire dans des proportions mesquines ; quand le chemin de fer aura reçu, par la pose d'une seconde voie, le complément nécessité par l'importance du pays ; quand de puissantes locomotives traverseront cette terre de l'Aude que le patriotisme héroïque de ses enfants a rendue si illustre, vos montagnes abruptes seront sillonnées de sentiers commodes ; vos routes, si difficiles dans les conditions actuelles de transport, seront parcourues par des chariots solides, munis d'attelages puissants, qui iront porter, vers les gares de Castelnaudary, de Carcassonne et de Narbonne, les précieux produits de l'industrie et les plantureuses récoltes d'un pays prospère.

Un avantage si immense que la Compagnie ne conteste ni à Carcassonne, ni à Castelnaudary, ne doit pas être contesté à Narbonne : il faut que Narbonne soit pour toujours sur la ligne principale ; il le faut, dans l'intérêt de la prospérité et de la richesse du département tout entier.

Si, par un tronçon dérivé de la ligne principale, ou par tout autre voie, Narbonne est privée du bienfait que le croisement réel, permanent, sincère des deux lignes doit lui procurer, le mouvement de richesse, si utile au département, passera aux départements voisins : le nord et le midi de l'Aude en éprouveront un dommage sérieux.

L'exemple du Canal est là pour le prouver.

A l'époque mémorable où fut entrepris ce grand travail du dix-septième siècle, l'illustre Riquet voulait diriger la voie principale du canal du Midi sur Narbonne. Un devis et un plan, dressés par le chevalier de Clerville, rendaient facile l'exécution de ce projet et en démontraient les avantages. Des circonstances à jamais fatales et déplorables firent changer le plan primitif. La ligne principale fut portée à quelques lieues, et un simple embranchement desservit Narbonne. Des conséquences funestes ne tardèrent pas à se manifester. La voie principale porta vers l'Hérault le mouvement, la population, la richesse dont Narbonne eût profité; et les marchandises, suivant ce grand courant, furent embarquées à Cette, où l'État prodigua des trésors. Pensez-vous que de telles conséquences n'aient pas nui au département de l'Aude? Si la ligne principale du canal du Midi eût passé dans nos murs, la ville de Narbonne ne serait-elle pas aujourd'hui plus grande et plus riche? Il suffit de poser la question pour la résoudre : non-seulement Narbonne offrirait à l'agriculture et au commerce un marché plus étendu; elle offrirait encore, sur une côte voisine, un débouché maritime plus vaste, plus en harmonie avec les besoins agrandis de son commerce. Avec la moitié des sommes consacrées à Cette, on eût construit, à La Nouvelle ou à La Franqui, un port de premier ordre; et aujourd'hui, au lieu de nous voir contester sans raison le passage de la principale voie de fer, nous verrions Narbonne placée en première ligne sur la grande voie de Paris au continent occidental de l'Afrique. Narbonne serait le grand foyer où les voyageurs et les produits viendraient affluer pour se répandre sur le nouveau continent français, et y féconder ces germes de richesse et grandeur que la France prodigue à sa colonie.

Méditez profondément, Messieurs, les résultats produits par une déviation du Canal, et craignez qu'une déviation analogue de la voie ferrée n'amène, pour le département de l'Aude, des conséquences aussi désastreuses.

II

Les considérations qui précèdent me paraissent de
nature à frapper vos esprits. Si je ne me trompe, l'intérêt
du département de l'Aude, dans la question des chemins
de fer de Narbonne, doit vous apparaître avec clarté.
Toutefois, je désire en poursuivre encore l'exposé, car
l'intérêt que je défends est vital pour l'Aude, non-seulement à cause des éléments de richesse qu'il doit créer
et développer dans le département; non-seulement à
cause des facilités qu'il donne pour l'équilibre des budgets,
pour l'achèvement des routes et l'accroissement de l'aisance, mais encore à cause des facilités de consommation
et d'exportation pour les denrées que le foyer commercial et agricole de Narbonne offre avec tant d'avantages
dans sa sphère d'activité.

Un coup-d'œil rapide sur la situation agronomique de
l'Aude suffira pour vous en convaincre.

Le sol de Narbonne, dans toutes ses parties, est éminemment propre à la vigne. La culture des céréales, entreprise avec tant de profit dans le nord du département, ne réussit pas ici. La raison éminemment juste et pratique en a été donnée par un agronome distingué, membre du conseil général d'agriculture, M. Jules Pagézy, aujourd'hui maire de Montpellier. Interrogé, il y a trois ans, par le président de la commission d'enquête relative aux boissons, sur les motifs qui empêchaient le Midi de cultiver le blé, M. Pagézy, alors délégué de la chambre de commerce de Montpellier, répondit :

« Nous n'avons pas intérêt à cultiver le blé. Notre pays est extrêmement sec; nous avons des vents brûlants, qu'on appelle les vents de *tramontane* (Nord), et qui sont cause de très-grands ravages, hiver et été. *Il m'est arrivé de voir les blés, verts à six heures du matin, et secs deux heures après, par l'action de ce vent.* » [1]

Ce qui est vrai pour Montpellier est vrai pour Narbonne dont le climat offre de grandes analogies avec celui de l'Hérault : la violence de vents brûlants dessèche les épis, secoue les tiges avec force et disperse le grain sous les yeux même du cultivateur affligé. De cet obstacle, en quelque sorte physique, à la culture du blé, il résulte que la surface des terres consacrées aux céréales tend à se réduire, dans l'arrondissement de Narbonne, pour faire place à la vigne. Cette conséquence nécessaire, loin

---

[1] Assemblée nationale. -- Enquête législative sur l'impôt des boissons. -- Séance du 6 mai 1850. -- Audition de M. Pagézy, président de la chambre de commerce de Montpellier.

d'exciter entre le midi et le nord du département un antagonisme aveugle, me paraît au contraire devoir amener des relations cordiales. En effet, le nord du département produisant surtout du blé, Narbonne, qui en produit peu, devient son foyer naturel de consommation, son plus sûr débouché, la meilleure base de ses profits agricoles. Le nord du département trouve d'abord, dans l'arrondissement de Narbonne, la consommation locale à satisfaire; il y trouve ensuite à alimenter des minoteries actives, dirigées avec habileté, servies avec intelligence, et dont les produits se répandent sur les points du territoire où la production des céréales fait défaut. Il y trouve un commerce éclairé et probe, intermédiaire intelligent et sûr des transactions; en un mot, un grand marché permanent, dont les facilités n'existent à un aussi haut degré dans aucune ville voisine.

Ces avantages ne sont pas les seuls. Sur les côtes de l'Aude, sur les plages de cette mer célèbre qui a vu se déployer sur ses bords les splendeurs de la civilisation antique et passer sur ses flots les premières expéditions lointaines des temps modernes, un port s'est formé. Simple havre d'abri pour les pêcheurs de la côte, il ne fut à l'origine qu'un modeste refuge contre la tempête. Plusieurs causes l'ont soutenu et fait prospérer : l'intelligence, l'aptitude commerciale qui distingue les populations de la contrée; l'énergie, le courage indomptable de ses marins; et, par dessus tout, l'espoir de voir se former un établissement maritime de premier ordre, à très-peu de distance, dans ces eaux profondes, tranquilles, si bien abritées par le promontoire qui avait fixé l'attention de Vauban. L'illustre maréchal de France qui, aux vues profondes de l'économiste joignait des connaissances stratégiques étendues et un amour ardent pour la France, Vauban ne put suivre l'exécution de ses idées. Avec ce grand homme disparut l'un des plus fermes espoirs de nos marins ; mais d'autres causes de grandeur restèrent : l'énergie, l'activité, le courage, l'intelligence, les qualités traditionnelles de nos populations brillèrent du même éclat que dans le passé, et La Nouvelle a grandi ! Ce port est devenu l'un des points les plus utiles de la Méditerranée : il est indispensable au commerce dont il facilite les expéditions, à l'agriculture dont il exporte les produits, à la marine qui y puise des marins intrépides ; il est utile à l'Etat, qui recueille dans les caisses de la douane d'abondantes recettes.

Mais, La Nouvelle est surtout utile à vous, Messieurs, représentants du nord du département où la culture des céréales occupe des surfaces étendues. Éloignées de la mer dont elles sont séparées par de hautes montagnes, les populations que vous représentez apprécient mal l'utilité de ce port au point de vue de leurs intérêts spéciaux. En les visitant, il y a quelques années, j'ai trouvé chez elles un préjugé réel pour tout ce qui concerne la région méridionale du département. Ce préjugé très-vivace, très-répandu, doit disparaître. Il faut que le vote relatif aux chemins de fer de Narbonne soit le lien sympathique et indestructible qui unira le nord et le midi du département.

Pour atteindre ce résultat, je vais rechercher quelles sont les quantités de grains expédiées, chaque année, par le port de La Nouvelle, sur les divers points de nos côtes où les céréales manquent. Le principal produit agricole du nord du département est le blé : voyons les services que La Nouvelle rend aux producteurs de blé, aux producteurs de grains de toutes sortes. Si les expéditions sont considérables ; si la direction générale des douanes qui les enregistre constate dans ses tableaux un progrès marqué, il en résultera clairement la preuve des facilités offertes, dans ce port, aux producteurs de grains, pour le placement de leurs denrées.

J'ai recueilli avec un soin scrupuleux, sur des registres officiels, les chiffres qui constatent d'une manière irrécusable l'importance de La Nouvelle au point de vue des expéditions de grains. Très-compliqué dans ses éléments divers, étendu à une longue période d'années, le relevé que j'ai fait ne saurait être présenté dans tous ses détails sans fatiguer l'attention. Pour le mettre sous vos yeux d'une manière claire et frappante, je réduis ce mouvement considérable à deux chiffres qui puissent frapper votre attention et se graver dans votre mémoire.

Prenant les dix dernières années et les divisant en deux périodes égales de cinq ans, je trouve que dans la première période le chiffre des expéditions a été de 236,874 quintaux métriques ; je trouve ensuite que, dans la deuxième période, plus rapprochée de nous , le chiffre des expéditions s'est élevé à 681,925 quintaux métriques. C'est un accroissement de 108 6/10 pour cent.

L'augmentation est manifeste. L'importance des quantités , pour le département, ne l'est pas moins. Pour s'en assurer, il faut rapprocher ces quantités de celles qui expriment l'état de la production et de la consommation des céréales dans le département de l'Aude.

Ici, Messieurs, je dois en convenir, les chiffres que j'ai à placer sous vos yeux, pour la production et la consommation des céréales dans l'Aude, ne sauraient avoir l'exactitude mathématique des chiffres relatifs aux expéditions de grains dans le port de La Nouvelle. Ces derniers, recueillis par l'administration des douanes, qui tient un état complet, minutieux des marchandises entrées et sorties, sont rigoureusement exacts. Les autres, recueillis par l'administration centrale de l'agriculture et du commerce, dont les moyens de contrôle sont moins grands, ne peuvent avoir la même certitude. Pour affaiblir l'influence que le défaut de rigueur mathématique pourrait avoir sur les résultats que je cherche ; pour montrer en même temps la parfaite sincérité que j'apporte dans le débat, j'ai pris le chiffre le plus défavorable à ma discussion. Ayant à comparer la production de l'Aude avec les expéditions de grains dans le port de La Nouvelle ; ayant à montrer l'étendue des services annuels que ce port rend à une production importante dont il facilite les ventes , il est clair que le nombre le plus favorable à ma discussion eût dû exprimer une quantité produite très-faible, celle d'une mauvaise récolte. Loin d'adopter une donnée de cette nature, j'ai pris un chiffre de production très-fort, celui d'une récolte exceptionnellement bonne ; et ce chiffre très-fort, je l'ai choisi, non sur une courte période de peu d'années, mais sur une période de trente ans. Pour les années 1815 à 1835, j'ai consulté les états officiels, distribués aux Chambres, et dont une étude patiente, assidue, m'a mis depuis longtemps en mesure de connaître les détails. Pour les années 1835 à 1845, j'ai consulté les procès-verbaux imprimés du Conseil général et les documents spéciaux, centralisés par diverses administrations publiques. De ces études diverses et approfondies est résultée pour moi la conviction que les chiffres dont je vais vous soumettre les résultats ont le plus haut caractère de certitude. Je dis plus : je crois ces chiffres supérieurs aux quantités qui expriment la production actuelle de l'Aude. J'observe, en effet, que dans la récolte choisie pour mon travail, celle de 1835, le nombre d'hectares cultivés en froment s'élève à 76,000. En 1843, ce chiffre n'est plus que de 72,000. En 1845, dernière année dont j'ai pu me procurer les résultats, le chiffre descend à 68,000 ! Pour les produits, l'écart proportionnel est bien plus grand, car l'année 1835 a non-seulement une plus grande surface cultivée, mais encore un produit plus fort par hectare. Cette réduction de la culture des céréales dans l'Aude n'est elle pas un indice de la situation agronomique du département ? Ne constate-t-elle pas cette transformation des cultures effectuée dans l'arrondissement de Narbonne et que j'ai signalée à votre attention ? Ne constate-t-elle pas en même temps le caractère exceptionnel de la récolte formant la base de mes calculs ?.. Les chiffres que je vais produire méritent donc toute confiance. Choisis à dessein comme les plus défavorables à ma discussion, ils témoignent à la fois de ma mesure dans les assertions produites et de la bonté d'une cause fondée sur une base si sûre, si invincible, qu'elle me permet de triompher des obstacles même que je sème comme à plaisir sous mes pas.

Quelle est donc la production de l'Aude ? Quelle est sa consommation ?

L'Aude produit, dans une bonne année, en froment, seigle, orge et avoine, 1,607,400 hectolitres. Rapprochez de cette quantité le chiffre exprimant le poids moyen de ces hectolitres, vous trouverez, pour la production de l'Aude, 939,571 quintaux métriques [1].

---

[1] Le poids de l'hectolitre de froment, dans l'Aude, a été établi de la manière suivante pour la récolte dont nous nous occupons :

1re qualité.........	76 k	40 d
2me qualité.........	73	08
3me qualité.........	70	18

Le chiffre qui a servi de base à nos calculs, pour le froment, est le chiffre du poids moyen s'élevant à 73 kilogrammes 33 décagrammes.

Pour l'avoine, le poids de l'hectolitre a été établi ainsi qu'il suit :

1re qualité.........	44 k	75 d
2me qualité.........	42	50
3me qualité.........	40	06

Le poids qui a servi de base à nos calculs est le poids moyen de 42 kilogrammes 43 décagrammes.

L'Aude consomme en froment, seigle, orge et avoine, 981,600 hectolitres, soit en poids 553,630 quintaux métriques.

Rapprochez tous ces chiffres des quantités qui expriment l'état des expéditions de grains dans le port de La Nouvelle, vous trouverez les résultats suivants :

L'expédition quinquennale des grains dans le port de La Nouvelle est égale à 72 pour cent d'une récolte exceptionnellement bonne.

Cette même expédition est à la consommation annuelle de l'Aude comme 123 est à 100.

Quand de pareils résultats se produisent, quelqu'un peut-il nier les services rendus par La Nouvelle aux

---

La production du seigle et de l'orge n'ayant qu'une importance très-faible comparativement à celle de l'avoine (*), nous avons cru pouvoir, sans trop d'inconvénient, appliquer à ces deux espèces de grains le poids moyen des trois qualités d'avoine. Pour la récolte dont nous nous occupons, nul document officiel, soit de l'administration de l'agriculture, soit de l'administration de la guerre *(Entretien des troupes, — Vivres)*, ne constate le poids de ces deux natures de grain. Nous aurions pu effectuer nous-même l'expérience du poids : nous n'avons pas fait cette opération, d'abord pour ne pas mêler les résultats de deux récoltes différentes, ensuite pour rester invariablement fidèle à la règle que nous nous sommes prescrit et qui consiste à publier toujours des chiffres officiels, approuvés par les administrations compétentes, distribués aux Conseils publics et tombés dans le domaine de la publicité où tout le monde peut les recueillir.

Quant aux chiffres qui expriment le poids des trois qualités de froment et des trois qualités d'avoine, ils méritent toute confiance. Personne n'ignore, en effet, que, depuis 1819, au mois de décembre de

(*) Orge.............. 50,400 hectolitres.
Seigle........... 154,000
Avoine 567,000

4

contrées qui produisent le grain ? Le nord du département, qui profite de ce port dans une si large mesure, n'a-t-il pas comme le Midi un très-grand intérêt à voir se développer un mouvement maritime et commercial qui seconde puissamment sa production agricole ? Si le port de La Nouvelle expédie les vins de Narbonne, il expédie aussi les blés du Razès ; et, par ce mouvement si utile au département tout entier, il seconde l'essor des deux productions vitales de l'Aude, des deux productions les plus dignes d'éveiller la sollicitude et de fixer l'attention sérieuse de l'État.

Croyez-vous d'ailleurs, Messieurs, que La Nouvelle vous serve seulement au point de vue des grains ?

Examinons.

Le mouvement de La Nouvelle avec l'Espagne est de 115 navires, de 4,427 tonneaux et de 551 marins.

Le nord du département n'a-t-il rien à envoyer en Espagne ? N'a-t-il rien à en recevoir ?

---

chaque année, l'administration de l'agriculture et du commerce, dans un intérêt public, et le ministère de la guerre, en vue de ses approvisionnements, font constater le poids du froment sur les principaux marchés des départements. Personne n'ignore non plus que, depuis 1831, le ministère de la guerre, pour connaître la qualité de chaque récolte d'avoine, fait constater le poids de ce grain sur les marchés où l'on en vend le plus. D'après les instructions ministérielles, on doit, pendant trois marchés consécutifs, peser chaque fois et pour chaque récolte, trois hectolitres. De ces épreuves authentiques résulte le poids constaté par l'administration de l'agriculture et par l'administration de la guerre. Le poids moyen que nous avons pris pour nos calculs est donc établi sur une base sûre et inattaquable.

Le mouvement de La Nouvelle avec l'Italie est de 149 navires, de 6,817 tonneaux et de 1,118 marins.

Le nord du département n'a-t-il rien à envoyer en Italie? N'a-t-il rien à en recevoir?

Le mouvement de La Nouvelle avec l'Algérie est de 275 navires, de 20,368 tonneaux et de 1,665 marins.

Le nord du département n'a-t-il rien à envoyer en Algérie, sur cette terre déjà illustrée par cent victoires, sur ce nouveau théâtre de nos triomphes, où l'éclat de nos armes augmente la puissance de la France et couronne notre jeune armée d'une auréole de gloire?

Enfin, l'ensemble du mouvement maritime et commercial de La Nouvelle, avec les puissances étrangères et avec les ports de nos côtes, est de 1,307 navires, de 77,134 tonneaux et de 7,307 marins. Le nord du département ne participe-t-il pas à ce mouvement? Ne doit-il pas se réjouir de voir s'opérer, sur un point de l'Aude, cet échange considérable de marchandises qui favorise son agriculture et enrichit son commerce? Ne doit-il pas aussi être fier de voir ce mouvement remarquable de navires qui, en formant des marins pour la flotte, prépare à la France des défenseurs intrépides et à l'histoire de glorieux trophées?

Tout antagonisme entre le nord et le midi du département est donc sans objet. Les intérêts sont les mêmes; les vues, les moyens d'action seront les mêmes.

III

En présence des faits que j'ai produits ; en présence
des faits qui démontrent une identité complète d'intérêts
entre le nord et le midi du département, vous serez
unanimes, Messieurs, pour émettre le vœu que j'ai
l'honneur de solliciter de vous sur les chemins de fer de
Narbonne.

Ce vœu doit-il se borner à demander la jonction pure
et simple des deux lignes de fer à Narbonne, ou bien
doit-il indiquer un tracé ?

Dans l'état de la question, après un examen réfléchi,
j'ai la ferme conviction qu'une seule solution est possible :

Le tracé de Villedaigne à Narbonne, par Védillan ou
tout autre point voisin, que j'appellerai la *ligne d'embranchement*, doit être repoussé ;

Le tracé qui, en traversant les communes de Névian et de Montredon, se dirige sur Narbonne, et que j'appellerai le *tracé direct*, doit être adopté.

Le vaste triangle, dans lequel M. Blondat avait compris une étude complète et une variante [1]; le vaste triangle ayant pour sommet Narbonne, pour base le cours de l'Orbieu; pour côtés le col de Montredon et la route départementale n.º 7 (de Narbonne à Marcorignan); — voilà le terrain de ce que j'appelle le *tracé direct*.

Voici le terrain des autres travaux.

Sous la dénomination de *ligne d'embranchement*, je comprends à la fois les deux tracés sur lesquels j'ai déjà appelé l'attention de M. le ministre des travaux publics : je comprends d'abord le tracé qui, se détachant de Ville-daigne se dirige en droite ligne, par Védillan, sur Périès, et dessert Narbonne par un tronçon détaché de la ligne principale; je comprends ensuite le tracé qui, à partir de Villedaigne, suit le cours de l'Orbieu et de l'Aude, se détourne à ou près Védillan, se porte sur Narbonne et repart ensuite de cette ville pour se rendre à Périès.

Entre ces deux tracés que j'appelle du même nom, *ligne d'embranchement*, il n'y a qu'une question de temps : l'un est *l'embranchement immédiat*, l'autre est *l'embranchement ajourné :* voilà tout! L'un, l'embranchement immédiat, est la négation complète des avan-

---

[1] Voir la carte de M. Don, ingénieur en chef de l'Aude. Cette carte excellente est dans les mains de tous les membres du Conseil général.

tages que Narbonne et le département de l'Aude pourraient retirer du chemin de fer : personne ne conteste plus ce résultat. L'autre, l'embranchement ajourné, a les mêmes inconvénients puisque, après un très-petit nombre d'années, Périès et le point le plus rapproché de la courbe décrite entre Villedaigne et Narbonne, seraient réunis par une ligne de raccordement. Ce n'est, je le répète, qu'une question de temps.

J'ai la plus ferme conviction que ce raccordement aurait lieu, et je tiens à dire sur quoi je base mes vues.

Je serais désolé d'émettre la moindre assertion qui pût blesser les honorables ingénieurs chargés d'étudier le tracé dans l'arrondissement de Narbonne. J'estime profondément leur ardeur au travail et leur mérite. J'honore aussi au plus haut degré ces agents modestes qui, en portant à travers nos champs, les jalons, les chaînes et les mâts, sèment sur notre sol les germes féconds de la richesse, et répandent dans le monde de précieux éléments de civilisation et de progrès. Si, dans la précipitation d'un travail pressé, il m'échappait une pensée, un seul mot qui pût blesser les ingénieurs ou leurs agents, je les supplie de croire que cette pensée et ce mot ne seraient ni dans mes vues ni dans mon cœur : j'attaque les actes sérieusement, consciencieusement, dans la mesure de mes forces ; je respecte profondément les intentions et les hommes. Les intentions des ingénieurs de l'Aude, je l'admets et je le proclame, sont donc bonnes. Les ingénieurs croient sincèrement desservir Narbonne

par la ligne que j'ai appelée *l'embranchement ajourné*.
Ils feront exécuter cette ligne et quitteront le pays dans
la conviction profonde de nous avoir rendu un service
éminent; mais, peu de temps après leur départ, la force
des choses, la circulation plus développée sur la ligne
principale, l'importance et la multiplicité des affaires, en
nécessitant des communications plus directes, détruiront
l'œuvre consciencieuse des ingénieurs : Védillan et Périès
seront réunis, Narbonne et Coursan seront sacrifiés, et le
département de l'Aude verra se produire ce mouvement
désastreux vers l'Hérault que j'ai soumis à vos méditations
en rappelant le fait à jamais déplorable de la déviation
du Canal.

A quelle époque Védillan et Périès seront-ils réunis? je
n'hésite pas à répondre : au plus tard, quand la seconde
voie sera posée ; et j'ajoute que la pose de cette seconde
voie, indispensable à la circulation importante du Midi,
aura lieu dans un temps très-rapproché. Les ouvriers
chargés de poser la seconde voie seront chargés de faire
le raccordement : j'en ai la conviction la plus profonde.
Eh bien ! cette conséquence qui détruirait la pensée ferme
et constante du Gouvernement doit être rendue impossi-
ble.

J'ai cité en commençant les premières paroles pronon-
cées par les membres du Conseil général de l'Aude, dans
la question du chemin de fer. Qu'il me soit permis, avant
de finir, de mettre sous vos yeux les paroles de la première assemblée législative saisie de la question. Qu'il

me soit permis aussi de préciser quelques points et quelques faits, dont l'importance dans la question est décisive.

Voici comment s'exprimait, le 4 juillet 1845, M. le baron Duprat, au nom de la Commission chargée d'étudier la question du chemin de fer de Bordeaux à Cette :

« Le passage du chemin de fer par Narbonne n'a fait « l'objet d'aucun doute. Il se trouve dans les avant- « projets de MM. les Ingénieurs et dans la délibération « des diverses Commissions consultées dans les départe- « ments du Tarn, de l'Aude et de l'Hérault. »

Ces simples paroles comprennent en substance tous les actes officiels survenus depuis.

L'avant-projet de Villedaigne à Narbonne, personne ne l'ignore, a été rédigé par un ingénieur de mérite [1] qui, chargé pendant longtemps du service des ponts et chaussées à Narbonne, a pu étudier avec maturité et connaître à fond les besoins de l'Aude. Il n'est pas un de nous qui n'ait entendu cet ingénieur déclarer que le tracé direct était le meilleur : le projet rédigé par lui démontre du reste péremptoirement cette assertion. Approuvé par les commissions d'enquête du Tarn, de l'Aude et de l'Hérault, ainsi que le constate le rapport de M. Duprat, le projet reçut de ces imposantes adhésions le haut caractère d'un intérêt général. Revu par l'Ingénieur en chef de l'Aude; revu par M. Blondat, inspecteur divisionnaire des ponts et chaussées, le projet fut soumis

---

[1] M. Bréart de Boisanger.

au corps illustre qui, sous le nom de *Direction générale des ponts et chaussées et des mines*, centralise toutes les affaires de travaux publics. Arrêtant et résumant ses travaux, le 31 décembre 1845, cette administration, qui renferme les hommes spéciaux les plus expérimentés et les plus capables, n'hésita pas à approuver un·tracé que recommandaient vivement à son attention trois départements, un ingénieur ordinaire de mérite, un ingénieur en chef éminemment recommandable et un inspecteur divisionnaire expérimenté, savant, dont le passage dans le Midi avait excité des sentiments très-vifs de gratitude et de sympathie.

L'administration des Ponts et Chaussées ne borna pas là ses investigations et ses actes.

Elle examina le tracé qui, de Villedaigne se porte à Périès par Védillan en évitant Narbonne; elle examina ce tracé que j'ai appelé *l'embranchement immédiat*, et le rejeta.

Elle examina le tracé qui, parti de Villedaigne dans la direction de Védillan décrit une courbe pour toucher à Narbonne, et revient ensuite sur Périès; elle examina ce tracé, que j'ai appelé *l'embranchement ajourné*, et le rejeta.

Elle rejeta non-seulement ces deux tracés, mais encore toutes les variantes qui s'y rattachaient. Elle adopta le tracé Blondat; et, cinq mois après, au mois de mai 1846, donnant à ses délibérations la sanction définitive de la publicité, elle inscrivit dans une pièce sortie des presses gouvernementales et distribuée aux Conseils publics, cette phrase mémorable qu'on ne saurait trop répéter :

« L'importante ville de Narbonne ne pouvant être « laissée à l'écart, le tracé proposé est celui qui dessert « cette ville en passant par le col de Montredon. »

L'administration centrale des Ponts et Chaussées rédigea ainsi son opinion, parce qu'à ses yeux tout autre tracé que celui de Montredon enlevait à Narbonne la ligne principale : l'embranchement immédiat l'en privait sur-le-champ; l'embranchement ajourné l'en privait dans l'avenir. Dans les deux cas, le centre de richesse que le chemin de fer doit trouver en germe à Narbonne et y développer dans une large mesure, était perdu pour l'État. Gardienne vigilante de la prospérité et de la puissance de la France, l'administration pourvut à tous les besoins et satisfit à tous les intérêts.

Aujourd'hui la question est la même ; l'intérêt est le même : l'administration des Ponts et Chaussées ne se déjugera pas. Elle maintiendra l'autorité de ces pièces officielles qui, placées successivement, depuis huit ans, sous les yeux de toutes les commissions spéciales de travaux publics, sous les yeux de toutes les commissions du Conseil d'État, de toutes les commissions des assemblées délibérantes, ont été approuvées successivement par elles et sont devenues la base même de la loi, son commentaire sûr et lumineux.

L'administration des Ponts et Chaussées ne se déjugera pas parce qu'elle est convaincue de son droit, de la maturité et de la supériorité des études qu'elle a faites.

A ce sujet, Messieurs, permettez-moi d'appliquer à la circonstance les paroles d'un homme illustre né dans le Midi, à peu de distance de Narbonne. Auteur d'un des plus remarquables travaux publics qui aient été faits en France depuis deux siècles, le grand homme que j'ai à citer, le grand homme dont le nom est connu aujourd'hui du monde entier et dont la mémoire est chère à vos cœurs, c'est Paul Riquet. Se trouvant en butte à des tracasseries de la part des ingénieurs qui, tout en concourant à l'exécution générale de son œuvre, en dérangeaient souvent le plan dans les détails, Paul Riquet écrivait à Colbert, le 20 mars 1670 :

« Comme je suis l'inventeur du Canal qui se construit
« en Languedoc et que je l'ai le plus étudié, je commence
« à m'apercevoir que je suis aussi celui qui le sait mieux
« que les autres. »

Ce que Paul Riquet écrivait à Colbert sur les ingénieurs de son temps, le gouvernement peut le dire à la Compagnie. Le gouvernement a eu la première pensée des études; il les a commencées, il les a effectuées sur les bases les plus sûres et les plus complètes, avec le concours d'ingénieurs habiles. Il a recueilli tous les avis dans une enquête mémorable. Les besoins du pays ont été étudiés, ses vœux ont été écoutés. L'état du terrain, nivelé et sondé dans tous les sens, a été constaté. Les devis les plus complets, fondés sur le prix du sol et de la voie, ont été dressés. Le gouvernement a donc tout calculé; il a

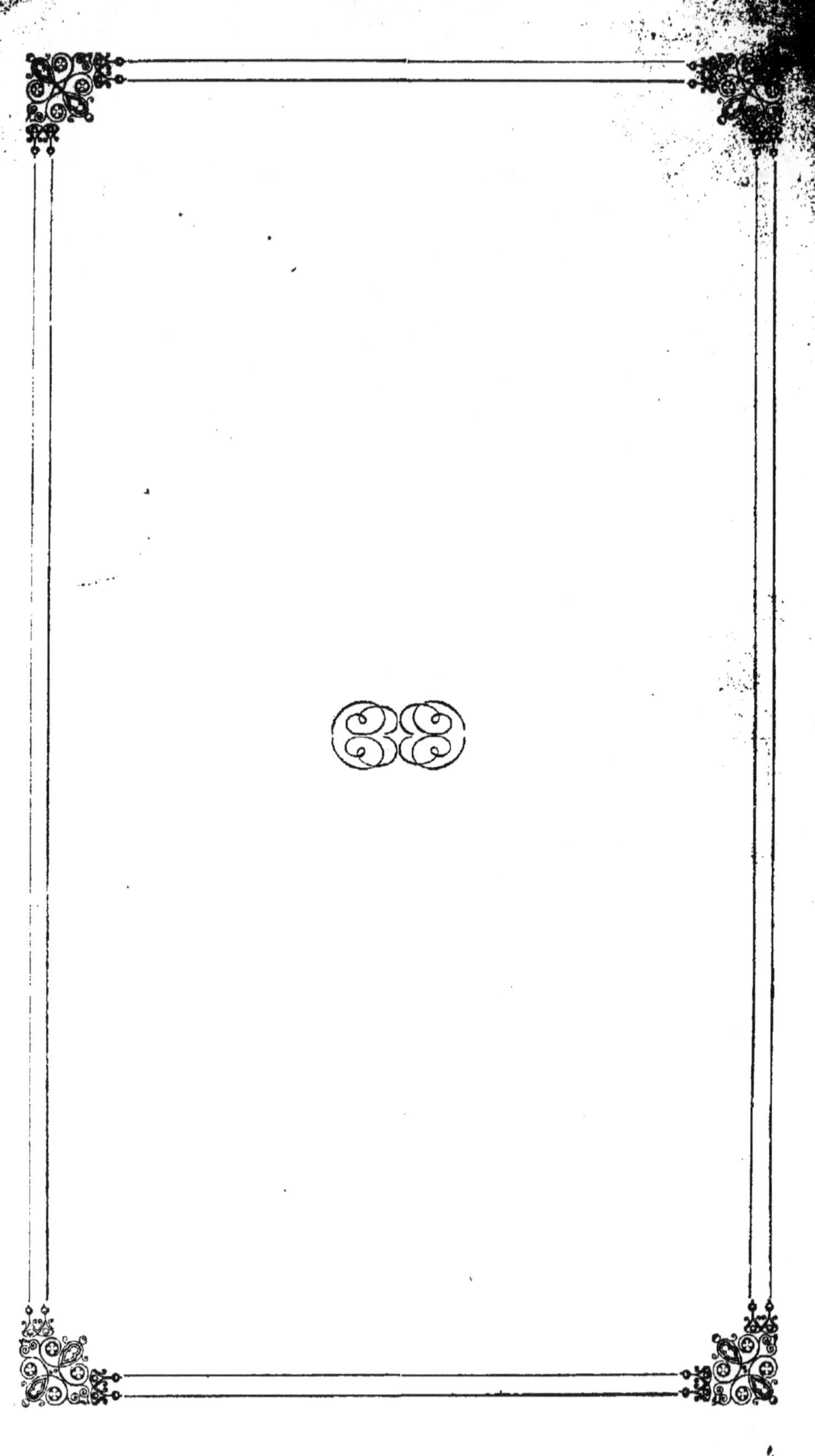